XUE KE XUE MEI LI DA TAN S

学科学魅力大探

破译密码解读

方士娟 编著　丛书主编 周丽霞

物种：奇奇怪怪的物种

汕头大学出版社

图书在版编目（CIP）数据

物种 : 奇奇怪怪的物种 / 方士娟编著. -- 汕头 ：汕头大学出版社，2015.3（2020.1重印）
（学科学魅力大探索 / 周丽霞主编）
ISBN 978-7-5658-1707-6

Ⅰ．①物… Ⅱ．①方… Ⅲ．①物种－青少年读物 Ⅳ．①Q111.2-49

中国版本图书馆CIP数据核字(2015)第028222号

物种：奇奇怪怪的物种　　　WUZHONG: QIQIGUAIGUAI DE WUZHONG

编　　著：方士娟
丛书主编：周丽霞
责任编辑：邹　峰
封面设计：大华文苑
责任技编：黄东生
出版发行：汕头大学出版社
　　　　　广东省汕头市大学路243号汕头大学校园内　邮政编码：515063
电　　话：0754-82904613
印　　刷：三河市燕春印务有限公司
开　　本：700mm×1000mm 1/16
印　　张：7
字　　数：50千字
版　　次：2015年3月第1版
印　　次：2020年1月第2次印刷
定　　价：29.80元
ISBN 978-7-5658-1707-6

版权所有，翻版必究
如发现印装质量问题，请与承印厂联系退换

前言

　　科学是人类进步的第一推动力，而科学知识的学习则是实现这一推动的必由之路。在新的时代，社会的进步、科技的发展、人们生活水平的不断提高，为我们青少年的科学素质培养提供了新的契机。抓住这个契机，大力推广科学知识，传播科学精神，提高青少年的科学水平，是我们全社会的重要课题。

　　科学教育与学习，能够让广大青少年树立这样一个牢固的信念：科学总是在寻求、发现和了解世界的新现象，研究和掌握新规律，它是创造性的，它又是在不懈地追求真理，需要我们不断地努力探索。在未知的及已知的领域重新发现，才能创造崭新的天地，才能不断推进人类文明向前发展，才能从必然王国走向自由王国。

　　但是，我们生存世界的奥秘，几乎是无穷无尽，从太空到地球，从宇宙到海洋，真是无奇不有，怪事迭起，奥妙无穷，神秘莫测，许许多多的难解之谜简直不可思议，使我们对自己的生命现象和生存环境捉摸不透。破解这些谜团，有助于我们人类社会向更高层次不断迈进。

其实，宇宙世界的丰富多彩与无限魅力就在于那许许多多的难解之谜，使我们不得不密切关注和发出疑问。我们总是不断去认识它、探索它。虽然今天科学技术的发展日新月异，达到了很高程度，但对于那些奥秘还是难以圆满解答。尽管经过许许多多科学先驱不断奋斗，一个个奥秘不断解开，并推进了科学技术大发展，但随之又发现了许多新的奥秘，又不得不向新的问题发起挑战。

宇宙世界是无限的，科学探索也是无限的，我们只有不断拓展更加广阔的生存空间，破解更多奥秘现象，才能使之造福于我们人类，人类社会才能不断获得发展。

为了普及科学知识，激励广大青少年认识和探索宇宙世界的无穷奥妙，根据最新研究成果，特别编辑了这套《学科学魅力大探索》，主要包括真相研究、破译密码、科学成果、科技历史、地理发现等内容，具有很强系统性、科学性、可读性和新奇性。

本套作品知识全面、内容精炼、图文并茂，形象生动，能够培养我们的科学兴趣和爱好，达到普及科学知识的目的，具有很强的可读性、启发性和知识性，是我们广大青少年读者了解科技、增长知识、开阔视野、提高素质、激发探索和启迪智慧的良好科普读物。

目　录

桫椤树的离奇身世

桫椤树在各地被发现

2003年，中国林科院专家在位于伏牛山区的河南省西峡县米坪乡进行科学考察时，发现了大面积原始桫椤树群落。

据米坪乡党委书记介绍，米坪乡桫椤树有近30000棵，呈群落状分布。其中白石尖一处群落共有6000余棵，一些高大桫椤树已有500多年历史，要7个人才能合抱起来。

这么大面积的桫椤树，在国内尚属首次发现。

2008年3月20日，广东省东莞市樟木头镇林业工作站工作人员在东莞市广东观音国家森林公园普查园区内的名贵树木时，发现了几棵国家一级保护植物——恐龙时代的物种桫椤树。据悉，这是在东莞首次发现这种子遗植物。

这些桫椤树长得有点奇特，有一半躺在地上，就像一把靠背椅，主干长4米，直径约0.25米，叶子长达2米。普查小组在附近还发现了几棵稍矮些的桫椤树。

2011年，广西壮族自治区河池市南丹县八圩瑶族乡发现300多棵植物界活化石桫椤树。发现地点位于八圩瑶族乡拉友村洞多屯周边山坡，300多棵桫椤树散落生长，最大的直径可达0.2米，4米高，枝繁叶茂。

2011年8月29日，四川泸州市纳溪区在调查旅游资源时发现，在该区白节镇的天堂沟、关竹岩沟和大红岩沟的深谷中生长着上万棵桫椤树，形成极为少见的桫椤"金三角"。

桫椤树的生活习性

桫椤树为半阴性树种，喜温暖潮湿气候，喜生长在冲积土中或山谷溪边林下。

在距今约1.8亿万年前，桫椤树曾是地球上最繁盛的植物，与恐龙一样，同属"爬行动物"时代的两大标志。但经过漫长的地质变迁，地球上的桫椤树大都罹难，只有极少数在被称为"避难所"的地方才能追寻到它们的踪影。

闽南侨乡南靖县乐主村旁，有一片亚热带雨林。它是我国最小的森林生态系自然保护区，为"世界上稀有的多层次季风性亚热带原始雨林"，在那里有世上珍稀植物桫椤树。桫椤树名列我国国家一类8种保护植物之首。新西兰是桫椤树产地之一，它也是新西兰的国花，被人们所保护着。

桫椤树难解之谜

桫椤树是地质年代分期的中生代侏罗纪、白垩纪时期留下的

珍贵树种。桫椤树的出现距今约3亿多年，比恐龙的出现还早1.5亿年，是研究植物形成、植物地理学及地球历史变迁的活教材，具有重要的保护价值和科学研究价值。桫椤树本来是恐龙的食物，与恐龙共生共荣。何以恐龙早已灭绝，而桫椤树却独自留存人间？长期以来，成为人们难解之谜。

延 伸 阅 读

桫椤科在全世界共有500余种，产于热带亚热带山地。根据目前比较权威的研究结果，我国有14种之多，分布于西南和华南地区。桫椤科的主要分类特征是叶柄基部的鳞片，叶轴上的气囊体，孢子囊的孢子数目和囊群盖等。

千年 "银杏王" 之谜

银杏树因何有活化石之称

银杏树，是一种有特殊风格的树，叶子夏绿秋黄，像一把把打开的折扇，形状别致美观。两亿年以前，地球上的欧亚大陆到处都生长着银杏树类植物，是全球最古老的树种。

后来在200多万年前，第四纪冰川出现，大部分地区的银杏树

毁于一旦，残留的遗体成为印在石头里的植物化石。

在这场大灾难中，只有在我国还保存了一部分活的银杏树，绵延至今，成了研究古代银杏树的活教材。所以，银杏树是一种全球最老的孑遗植物，人们把它称为"世界第一活化石"。

银杏树是一种难得的长寿树，我国不少地方都发现有银杏古树，特别是在一些古刹寺庙周围，常常可以看见有数百年和千年有余的大银杏树。

像有名的庐山黄龙寺的黄龙三宝树，其中一棵是银杏树，直径近两米。而世界上最长寿的银杏树，还应数我国山东省莒县定林寺中的大银杏树，据说是商代栽的，距今还可以找到天然的银杏树林，这些都证明我国是银杏树的老家。

千年"老神树"银杏树

在有"中国银杏树之乡"之称的山东省郯城县新村乡，有一棵盛名远播海内外的"银杏王"。这棵经历了数千年风雨的银杏树依然茁壮，被喻为"老神树"。

老神树生长在"银杏古梅园"内。人们形容老神树："枝繁叶茂，遮天蔽日，覆盖亩许，树身雄迈，可聚七八人之怀。置身其下，神气清凉；仰观其上，惊骇天然；斗转星移，朗朗乾坤，经3000余载；历数沧桑，冷眼春秋，博大精深，气宇轩昂；聚日月之灵秀，蓄天地之精华，庇荫世人。"

老银杏树年寿几何

关于这棵银杏树的年岁，当地一位86岁老人讲，他的祖上传了一本书叫《北窗琐记》，书中记载的是新村的人文地理传说，其中关于"老神

树"的占了很大一部分，开篇就是4句诗：老树传奇十八围，郯子课农亲手栽。莫道年年结果少，可供祇园清精斋。这其中的"郯子课农亲手栽"说的就是银杏树的来历。

郯子是周朝时郯国的国王，老郯子就是后来"孔子师郯子"中的郯子的先人。老郯子当年在新村建了"课农山庄"，在山庄的周围亲手栽下了这棵银杏树。据此考证，这棵银杏树真有3000岁了。

银杏王的神秘现象

这棵银杏树虽然经历了3000年的风雨，但仍然郁郁葱葱，雄伟挺拔。据老人讲，这棵树在近50年内就遭受了两场大的火灾。由于年久日深，树身也开始朽烂，被打上了两次铁箍。

虽然经历了这么多磨难，老神树就像有着灵气一样，树底部经过人工嫁接的枝条每年都结果，年产干果300多千克，有七八种不同的品种。

这棵树"发芽早于春，落叶迟于冬"。每年一出正月，别的树还是干枝秃梢，它早已绽出嫩芽；直至冬至后才落叶。更神奇的是，它落叶时集中在4个时辰内一次性落完。在万木凋零的深冬季节，老神树刹那间抖落满树金叶，宛如千万只金蝶空中飞舞。

2001年7月，一场暴风雨把老神树的一个树枝刮断，一个多月后，有人把它栽植在老神树的旁边。想不到第二年春天这棵断树发芽了，并且每年春天都能开出一大堆花。这棵树后来被命名为"飞来树"。

很多树种有压条繁殖的能力，就是将没有脱离母体的枝条压入土中，或在空中以湿润物包裹，待发根后再将其脱离母体。但银杏树很难通过压条

繁殖，这个树枝能够在脱离母体一个多月后再成活，让人难解。

　　银杏树有"活化石"之称，是现存种子植物中最古老的孑遗植物，有着重要的科研价值。而在这棵"银杏王"身上，又有着与众不同的神秘色彩，如何解开这些谜底，有待于科研人员的努力。

延　伸　阅　读

　　世界上最大的银杏树在我国贵州省福泉，树龄大约有5000年至6000年，根径有5.8米，树高50米，胸径4.79米，要13个人才能围抱得过来。2001年，这棵树载入上海吉尼斯纪录，被誉为世界上最粗大的银杏树。

解密三百万年银杉

震惊世界的发现

银杉是一种珍贵的活化石植物，它是我国植物学家在20世纪50年代发现的。银杉仅分布在我国广西壮族自治区龙胜和四川省的南川金佛山两地的狭小区域，数量很少，是我国特有的植物。因此，它被称为植物中的大熊猫。

1955年夏季，我国植物学家钟济新带领一支调查队到广西壮

族自治区桂林附近的龙胜花坪林区进行考察，发现了一棵外形很像银杉的苗木，后来他们又采到了完整的树木标本，他将这批珍贵的标本寄给了陈焕镛教授和匡可任教授，经他们鉴定，认为这棵苗木就是地球上早已灭绝的，现在只保留着化石的珍稀植物银杉。活银杉的发现使植物学界大为震惊，西方学者们对华夏大地更加刮目相看。目前，世界上只有我国有活的银杉，1992年邮电部还发行了一枚银杉邮票。

20世纪50年代发现的银杉数量不多，而且面积很小，自1979年以后，在湖南、四川和贵州等省又发现了10多处，1000多棵。

2004年11月，广西壮族自治区花坪国家级自然保护区内新发现一个银杉小群落，共有银杉31棵，此次新发现的银杉小群落中，5米以上的植株有2棵，5米以下的有29棵。

银杉的形态特征

银杉是常绿乔木，喜欢向阳、温暖和多雾的气候，生长在石灰岩风化的山地黄壤上。它树干挺直，树冠塔形，分枝平展，枝条上螺旋排列着条形的叶子。叶片像杉木的叶子一样扁平，上面深绿色，下面有两条银白色的气孔带，微风吹来，现出闪闪银光，银杉一名就是这样来的。它仪态高雅，刚健秀丽，十分惹人喜爱。银杉的名字中虽然有个"杉"字，但与杉木并非同类。

在植物分类系统上，它属于裸子植物的松科。正因为与松同类，所以它的花跟松的花很相似，也是单性花、雌雄同株。雄花与雌花都成球果状，每朵雄花上有许多螺旋排列的雄蕊。雌花上有许多螺旋排列的珠鳞，在珠鳞背面，有一个与珠鳞分离的苞鳞。每个珠鳞的腹面有两个裸露的胚珠，将来发育成种子，种子的上端有翅。

银杉分布为何狭小

远在地质时期的新生代第三纪时，银杉曾广泛分布于北半球的亚欧大陆。在德国、波兰、法国及前苏联曾发现过它的化石，但是，距今200万年至300万年前，地球覆盖着大量冰川，几乎席卷整个欧洲和北美。但欧亚的大陆冰川势力并不大，有些地理环境独特的地区，没有受到冰川的袭击，

而成为某些生物的避风港。

就在这个时期，银杉在北半球的大部分地区绝迹了，然而在我国的西南地区，由于地形复杂，群山耸立，巍峨的山体像一道道巨大的屏障，阻挡着南下的冰川，再加上河谷地区受温暖潮湿的季风气候影响，冰川的活动被限制在局部地区。因而，很多古老植物在这里找到了庇护所，一直保存至今天，银杉就是其中的一种。

延 伸 阅 读

我国广西壮族自治区花坪已列入国家银杉重点自然保护区，设有科研及森林管理机构，是人们领略大自然风光，进行科研考察、探险及旅游的胜地。四川省金佛山已划为以保护银杉为主的自然保护区，对已发现的银杉，逐一编号实行挂牌管理。

水杉到底是谁发现的

幸存的活化石

水杉是一种古老的植物，远在一亿多年前的中生代上白垩纪时期，水杉的祖先就已经诞生在北极圈附近了。当时地球上气候温暖，北极也不像现在那样全部覆盖着冰层，后来，由于气候、地质的变迁，水杉逐渐向南迁移，分布到了欧、亚、北美洲。根据已发现的化石来看，几乎遍布整个北半球，可说是繁盛一时。

至新生代的第四纪，地球上发生了冰川，水杉抵抗不住冰川的袭击，从此绝灭无存，只剩下了化石上的遗迹。可是实际上它

并不是真正的全军覆没。当世界各地的水杉被冰川消灭时，在我国却有少数水杉躲过了这场浩劫，幸免于难。

其原因是第四纪时，我国虽然也广泛分布着冰川，但我国的冰川不像欧美那样成为整块的巨冰，而是零星分散的山地冰川，这种山地冰川从高山奔流直下，盖住了附近一带，却留下了不少无冰之处，一部分植物就可以在这样的"避难所"中继续生存。

我国有少数水杉，就是这样躲进了四川、湖北省交界一带的山沟里，活了下来，成为旷世的奇珍。这些幸存的活化石像"隐士"那样，在山沟里默默无闻地生活着。

活水杉带来的影响

活水杉的被发现，在当时的确轰动了世界。有的报纸把水杉誉为"世界植物界的一颗明星"，还有人把水杉比作"植物界的恐龙"，是"恐龙再世"等。

不管怎么说，我国植物学家把这个古老的子遗树种，重新发掘出来，赋予新的生命力，使它再度走上世界舞台，为人类造福，不能不说是一件重大的贡献，为祖国争得了荣誉。

唤起关注水杉第一人

有关文献记载，1941年10月底，原国立中央大学森林系教授干铎由湖北西部前往四川、重庆途中，路过境内2500米左右的谋道镇，一条名曰"磨刀溪"的小溪旁有一株较为奇特而不常见的大树，当地俗称"水桫"，引起了他的注意。当时树叶已经落尽，未能采到标本。

专家考证后确定，干铎首次在磨刀溪看到水杉的时间应为1941年冬天，应该在12月上旬或以后。以往的研究和文献中都没有注意到水杉的物候和历法上的问题。从历书记载和物候观测结果显示，在农历十月看到水杉的落叶景观是正常的。也就是说，干铎先生在十月(农历)看到落叶的水杉的记载也是无误的。

最早研究水杉的学者

从时间顺序、进行过程以及事物证据，王战首次采集水杉标本时间应为1943年7月21日。因此，王战先生为第一个开始科学研究水杉的学者。

他首先采到了比较完整的水杉标本，并且从植物分类学的角度初步确定为水杉，但并未因此而结束，他将标本转交并进行进一步研究，在水杉的采集、命名和研究中起了极其重要的作用。

外国学者初识水杉

第一个得到水杉标本的外国人是哈佛大学的麦雷尔教授。在1946年和1948年，他分别收到了郑万钧寄去的水杉蜡叶标本和水杉种子，并随即赠给欧洲、澳洲、亚洲、非洲以及北美洲和南美洲75个植物学研究机构、林业试验站和对水杉感兴趣的学者，推动水杉走向世界。第二个对水杉感兴趣的是加州大学钱耐教授。早在1946年，当他听说我国发现活水杉的消息后，就向我国建议：成立水杉保护机构。第三批考察水杉的外国学者是加利福尼里亚科学院的格雷塞特博士和助手笛宥。他们是在1948年7月底抵达我国的，并采集了植物标本。

水杉在我国保存下来的原因

水杉在1948年被正式命名后，受到我国和世界的重视，因此成立了"中国水杉保存委员会"，还筹设了"川鄂水杉保护区"。从此，水杉的保护和发展进入了一个新的发展时代。

那么，水杉为什么在我国能保存下来呢？我国地质学家们研究发现，当第四纪冰川来临时，我国的冰川与欧美不同，欧美冰川是冰雪大片大片地覆没大地，唯独我国是间断性的高山冰川。冰川奔来时，在没有冰块的地方，植物就保存了下来，这可能也是我国保存古代植物较多的一个原因。

延 伸 阅 读

水杉的适应性很广，在国内，北起辽宁、北京、延安，南至两广和云贵高原，东至东海、黄海之滨和台湾，西至四川盆地，均已栽培成功。国外也已有50余国相继引种，水杉的足迹现已遍及亚、非、欧美各洲。

不老的活化石苏铁

最珍贵的苏铁

被公认为"植物元老"的苏铁，早在两亿多年前，即在古生代二叠纪已诞生于世上，长期冰川侵袭、火山喷发和沧海桑田的变迁，几乎使它濒临绝境。只有少数后代经过顽强拼搏，敢于求生才终于幸运地留存下来。至今，苏铁已成为世界观赏花木中珍贵的活化石，受到千百万人的喜爱。

据介绍，苏铁类植物现仅剩不足300种，我国仅分布24种。其中德保苏铁是中国特有种，是国家一级保护物种，1997年被发现，由于其奇特的叶片和极高的园艺观赏价值引起轰动。但由于保护没有及时到位，野生个体数量由发现之初的2000棵已经锐减至600棵左右。

苏铁独特生物形态

苏铁的形态很独特，树干坚硬，呈圆柱形，皮色深褐，附着许多有如鳞甲的柄痕，树高可达数米，羽状复叶，每片长约一米左右。

在粗硬的叶脉两旁，生有无数深绿色的小叶，好像孔雀雅丽的尾羽，簇生于树干的顶端。它那种威猛、爽朗而又超脱的英姿，恍如古希腊时代浪迹天涯劫富济贫的豪侠，显得既雄风飒

爽，又典雅深沉。不论在哪一种园林景观之中，都富有甚高的欣赏价值。

例如把它布置在大型花坛的中央，或豪华大厦门前的两侧，均会表现出不凡的轩昂气势。还有不少插花高手应用它的美叶，或直或弯地作为叶材，创作出一流的艺术插花作品来。

苏铁名称由来

苏铁原产于我国南部。它很爱吸收铁元素，如果盆里放入几枚生锈的铁钉，它的生势更为旺盛。由此人们遂称它为"铁树"。

自古以来，在民间中有些从未见过苏铁开花的人常把难以实现的事情称之为"铁树开花"。

有些青年人在谈情说爱，山盟海誓时会说："除非海枯石烂，铁树开花，否则，我爱你永不变心……"

其实，苏铁的树龄凡达到20年以上都会相继开花的。在北方

开得少些，在热带、亚热带地区开得多些。它们属雌雄异株树种，雄株能开出柱状的黄花，含有许多花粉。雌株则开出酷似向日葵的圆花，借助虫媒或风力得到授粉之后，便可结成红色小球般的种子来，用以大量繁殖后代。

1984年6月，北京定陵博物馆的院子间，有一棵年逾花甲的苏铁雌株，就开了一朵大如圆碟的巨花，历时280多天才凋谢，吸引了中外大批游客。这说明铁树在大江南北各地开花并不稀奇。

延 伸 阅 读

苏铁树干髓心含淀粉，可食用，又可作为酿酒的原料，能提高出酒率。种子大小如鸽卵，略呈扁圆形，金黄色，有光泽，少则几十粒，多则上百粒，圆环形簇生于树顶，十分美观，有人称之为"孔雀抱蛋"。在贵州省，有的农民将其剥皮后与猪脚一同炖吃。

动物活化石绿海龟

有名的绿海龟活化石

绿海龟是与恐龙同时代的活化石生物，最早诞生于2.5亿年前的古生代末期。它们一出生就爬向大海，随后人们再也找不到它们的身影。这段失踪的时光被形容为"迷失的岁月"。在20世纪20年代至50年代后，它们又会不远万里漂洋过海返回出生地，交配、产卵。它们来自哪里，又去了哪里，至今仍然是个谜。

绿海龟因其身上的脂肪为绿色而得名。它们身体庞大，外被扁圆形的甲壳，只有头和四肢露在壳外。

绿海龟早在两亿多年前就出现在地球上了，是有名的"活化

石"。据《世界吉尼斯纪录大全》记载，绿海龟的寿命最长可达152年，是动物界中当之无愧的"老寿星"。也正因为绿海龟是海洋中的长寿动物，所以，沿海人将绿海龟视为长寿的吉祥物、长寿的象征，并有"万年龟"之说。

海洋中目前共有8种海龟，其中有4种产于我国，主要分布在山东、福建、台湾、海南、浙江和广东沿海，我国群体数量最多的是绿海龟。绿海龟常循洄游路线在沿岸近海的上层活动，它们到25岁左右时才发育成熟，每当繁殖季节到来，它们便成群结队地返回自己的"故乡"，不管路途多么遥远，它们也能找到自己的出生地，并把卵产在那里。

如果绿海龟出生地的环境被破坏，它们就有可能终生不育。绿海龟产卵数最多的可达200个左右，最少的也在90个以上，卵的数量虽说比较多,但是孵化成活率很低。

当小绿海龟出壳后,首先要自己从沙堆里钻出来,然后急急忙忙地奔向海洋。从沙坑到海边对小绿海龟来说是充满危险的,有的幼龟跌入沙坑中,拼命地挣扎也爬不出"陷阱"。同时它们的天敌,例如各种海鸟不断在空中盘旋,一旦小绿海龟被发现,就会变成这些天敌的美味佳肴。最后能顺利到达海洋的只是一部分,这些幸存者将在海中生长发育,传承繁衍后代。

绿海龟性别的秘密

绿海龟是怎样找到自己的"故乡"的,目前还是一个未解之谜。生活在我国沿海的绿海龟,其产卵期在每年的4月至10月。这时候,每当晚上,它们一个接一个地从海中悄悄爬上沙滩,用后肢挖一个宽0.2米左右,深约0.5米的坑,然后开始产卵。

卵呈白颜色,大小和乒乓球差不多。由于卵成熟的时间不一致,有时要分几次才将卵产完。产完卵后便用沙将洞口堵住,沙

滩在阳光的照耀下，温度比较高，卵全靠自然温度孵化。

绿海龟卵不但靠自然温度孵化，而且其性别也是由温度的高低来决定的，温度高时孵出的是雌性，温度低时孵出的是雄性。

绿海龟除出生和繁殖在陆地之外，主要生活在海中。它们既能用肺呼吸，也能利用身体的一些特殊器官直接从海水中获得氧气，它们的足呈桨状，适宜于划水，绿海龟在陆地上虽然比较笨拙，但是到了海里却浮沉自如，它们完全适应了海洋环境。

绿海龟的个体大、活动量大，其食量比陆龟大得多，它们每天要吃很多的鱼、鱼卵、虾、甲壳类和软体类以及藻类，它们的牙齿坚硬有力，能够轻易地咬碎软体动物的外壳。

绿海龟救人的秘密

绿海龟看似笨拙，实际上很通人性。

1995年7月下旬，海军某部舰艇在南海训练时，发现一只绿海

龟老是在艇周围游来游去，战士们好奇地捞上来一看，原来是它的腿受伤已溃烂，经过半个月的治疗才痊愈。水兵们用红油漆在背上写了"放生"两个字后将其放回大海，没有想到的是3个多月后，这只绿海龟又回到水兵的身边，此地距离放生的地方有60多海里。

绿海龟为何这般留恋着水兵，它又是怎样找到他们的，这些令人惊叹不已。

人救绿海龟，绿海龟也救人。

1987年，菲律宾沿海有一艘轮船因失火而沉没，有一位身穿救生衣的妇女已在海上漂泊了12个小时，正在她感到绝望的时候，有两只绿海龟游到她身子下面，将其托出海面，她就这样又在海上漂流了两天两夜，直至被菲律宾海军发现救起为止。

　　总之，绿海龟是人类的朋友，它在地球上已经生活了两亿多年，为了让这著名的活化石能永久地同我们人类一起生活下去，我们不能再乱捕滥杀它们和破坏它们的生存环境了。

延　伸　阅　读

　　2006年9月14日傍晚，一只体色棕红、嘴巴呈鹰钩状的红海龟来到了福州左海海底世界。这只红海龟是福建省连江县黄岐镇赤材村渔民吴品伙在黄岐海域收网时意外捞上的。吴先生说，自己当了20多年的渔民，还是首次见到这样体色通红的海龟。

留住江豚的微笑

江豚天生的笑脸

从2012年3月3日至4月17日的43天之内，洞庭湖区域发生12头江豚死亡的事件。

长江生态的活化石

2012年5月21日，江苏省南京市下关区金陵船厂附近江面，发现一头已经死亡的幼年江豚，这是南京一年中发现的第二头死

亡原因不明的江豚。截止2012年，由于长江流域水体污染加剧、人类肆意采挖江砂以及使用非法渔具等原因，长江江豚的生存和繁育受到严重影响。长江江豚的数量只剩下1200头，如不抓紧保护，长江江豚将会在10年至15年出现功能性灭绝。

不要让这可爱的生物灭绝，不要让子孙只能在照片中看到它们的笑脸，让我们一起留住江豚的微笑吧！

长江江豚是全球唯一的江豚淡水亚种，已在地球上生存2500万年，被称作长江生态的"活化石"和"水中大熊猫"，仅分布于长江中下游干流以及洞庭湖和鄱阳湖等区域。江豚通常栖于咸淡水交界的海域，也能在大小河川的下游地带等淡水中生活。

江豚性情活泼，常在水中上下游蹿，身体不停地翻滚、跳跃、点头、喷水或突然转向等动作。每当江中有大船行驶，江豚则喜欢紧跟其后顶浪或乘浪起伏。

　　江豚还有一个有趣的吐水行为，将头部露出水面，一边快速地向前游进，一边将嘴一张一合，并不时从嘴里喷水。呼吸时仅露出头部，尾鳍隐藏在水下，然后呈弹跳状潜入水下。

洞庭湖江豚死亡事件

　　江豚与海豚一样有着一副天生的笑脸，因生长在长江而得名。

　　江豚形似海豚而比海豚小，体长1.5米左右，体重100千克至200千克。全身铅灰色或灰白色。头部钝圆，额部隆起稍向前凸起。

　　江豚多聚集在咸淡水交汇的水域内，也可溯游至长江中游，适应环境的能力较强。喜单独活动，有时也结成两三头的小群。

江豚一般在春季繁殖，分娩持续时间较长，四五月份为产仔盛期，初生仔豚长约0.7米，每胎一仔。江豚的食性较广，以鱼类为主，也取食非鱼类，如虾类和头足类动物。

延 伸 阅 读

　　江豚，是鼠海豚科的一个物种，属于国家二级保护动物，被列入《濒危野生动植物种国际贸易公约》。江豚分布范围较广，在我国见于渤海、黄海、东海、南海和长江等水域，在长江甚至能上溯至宜昌和洞庭湖一带。

能治病的阿司匹林树

古代人有病不求医

在非洲卢旺达的原始森林里，有一种常绿灌木，它的树叶里含有一种类似阿司匹林化学成分的汁液，具有退烧和其他一些疗效。当地土著居民在感冒发烧时，只要从这种树上摘下几片叶子，放在口里咀嚼，即可退烧。

植物与阿司匹林的关系

1975年，美国植物生理学家克莱兰，在一次偶然的机会中发现，捣烂的柳树皮液汁中含有水杨酸，水杨酸是制造阿司匹林药片的主要原料，从而揭开了一个有趣之谜。原来，这是柳树中的天然阿司匹林的功劳，因为它具有解热镇痛作用。

那么，柳树分泌出阿司匹林对自身有什么意义呢？

有的科学家认为，阿司匹林是柳树的天然"防护剂"，试验证明，它可防治一些病毒对柳树的侵害。

也有的科学家认为，阿司匹林是一种生长激素，可以刺激柳树在春天抢先抽芽吐绿，使柳树在扦插时易于成活，因而会出现"无意插柳柳成荫"的奇妙现象。

天然的阿司匹林药物

非洲卢旺达当地居民把突兀叫做"阿斯匹林树"，在它的树叶和枝条中，含有一种类似解热镇痛药物阿司匹林的化学成分，能够治疗重感冒、退烧和防治风湿性疾病。

用这种树叶代替阿司匹林治病，既简便有效，又可节省开支。据化学家和药物学家鉴定，这种树中的天然阿司匹林，没有副作用和过敏性反应，比人工合成的阿司匹林还好。由于卢旺达有这种奇特的树，所以阿司匹林药片在那里几乎没有销路。

在一些印第安人的部落中，这种习惯一直延续至今，可它为什么具有这种效果呢？在很长的一段时间内，学者们对此困惑不解。

这种生长激素对其他植物同样也起作用，比如在插花瓶里的水中放入一片阿司匹林药片，便可延长瓶中鲜花的开放时间。

　　将阿司匹林称为植物的天然防护剂也好，生长激素也好，化学武器也罢，这些研究成果都还不能回答全部问题。植物与阿司匹林的关系之谜，尚未完全揭开，还有待于科学家们继续研究和探索。

延 伸 阅 读

　　阿司匹林树在卢旺达很多，当地居民如果感冒较重，就每天多嚼几次树叶，连续嚼上几天，感冒就可治愈。阿司匹林，具有良好的解热镇痛作用，还能抑制血小板聚集，故俗称它为"万灵药"。

揭开黄喉噪鹛之谜

发现黄喉噪鹛的经过

1923年，黄喉噪鹛在我国的江西省婺源被发现，但仅有的那一只标本被发现者带到了美国。在此以后70年里，婺源没有了黄喉噪鹛的消息。

1956年，一支我国与前苏联的联合科考队在云南省思茅也发现了黄喉噪鹛，3只标本有两只远走前苏联，一只留在我国。人们再去思茅寻找黄喉噪鹛时，却一无所获。

以人们对鸟类的认识，像黄喉噪鹛这样不做长距离迁徙的

鸟，数量稀少又分布在相距遥远、互不连接的几个区域，应是经过了漫长的地质、气候变迁，被逐渐分割并演化为不同的亚种，可以判断它是孑遗物种并濒临灭绝。

其实，黄喉噪鹛可能从来没有离开过婺源，只是鸟类学家难得老去那么偏远的地方，也难免不与它擦肩而过。而婺源老乡看到黄喉噪鹛，顶多发声"多漂亮"的感叹，不会关心它是否正折磨着鸟学界。

1992年，有个绰号"小板鸭"的婺源青年，无意中打下一只黄喉噪鹛，送给了一位老师做成标本。标本被辗转送人送得不知去向，只留下了照片。

1992年底，国家濒危物种科学委员会收到一份发自德国的信件，称在从中国进口的画眉鸟中，发现混有黄喉噪鹛，同时传来的还有一幅黄喉噪鹛俏立枝头的彩色照片。这一发现，说明1992年婺源境内还有野生黄喉噪鹛存在。

黄喉噪鹛重现人间

1996年12月，野生动物保护管理局有关人员组成一个调查组，深入婺源山区进行野外考察，几年过去了，始终没有发现黄喉噪鹛踪迹。但调查组的考察工作一直没有停止。

功夫不负有心人。2000年5月24日，奇迹出现了，调查组成员在自然保护小区进行野外考察时，意外发现一群体态轻盈俏丽、鸣声奇特悦耳的黄喉噪鹛，调查组一行欣喜若狂，拿起相机一连拍了好几卷胶卷。

获取黄喉噪鹛的信息

为掌握黄喉噪鹛的生活繁殖习性，调查组一行起早摸黑，隐蔽在灌丛中，轮流蹲点观察，饿了吃干粮，渴了饮山泉。

经过3年仔细观察，他们发现：黄喉噪鹛选择的栖息地多为常绿阔叶林地带，鸟巢一般筑在枝叶繁茂的大树上，而且搭得较高，最低离地面5米以上，一对一个巢，每对一年只孵一次。10多天孵出，一般2只至4只，两周后小黄喉噪鹛就能自行觅食了。

黄喉噪鹛喜食昆虫，也吃蚯蚓、野生草莓和野杉树树籽等。调查组的专家还发现，黄喉噪鹛特喜欢洗澡，每天上午10时和下午16时左右，除了暴风雨天气外，这种鸟总要坚持到河边流动浅水里戏水，沾一下清水，扇动几下羽毛。

黄喉噪鹛的保护价值

黄喉噪鹛重现，引起了国内外自然保护组织的关注。

2001年4月，德国动物物种与种群保护协会主席专程赴婺源实地考察黄喉噪鹛，并无偿提供专项保护资金。

2001年10月，世界自然基金会把婺源黄喉噪鹛自然保护小区的建设列入"中国珍稀物种保护小型基金"项目，资助5000美元用于黄喉噪鹛自然保护小区建设。2003年4月，香港观鸟团专程到婺源考察黄喉噪鹛。

随着该县生态环境的不断改善，黄喉噪鹛的生活繁殖栖息地也在不断扩大。截至目前，该县先后共发现了6处近200只黄喉噪鹛，最多一群有50多只。

延 伸 阅 读

婺源，山清水秀，气候温暖湿润，森林覆盖率达82%。良好的生态环境孕育了众多野生动植物，境内现有木本物种1500多种，草本物种3500多种，属国家一二类保护的动物有白颈长尾雉、黑麂、云豹、白琵鹭、鸳鸯、蛇雕、白腿小隼等50余种。

藏羚羊大迁徙之谜

可可西里的骄傲

　　藏羚羊，被称为"可可西里的骄傲"，是我国特有的物种，国家一级保护动物，全球性濒危动物，也是列入《濒危野生动植物种国际贸易公约》中严禁贸易的国际一级保护动物。

　　藏羚羊作为青藏高原动物区系的典型代表，具有很高的科研价值。藏羚适应高寒气候，其绒毛轻软纤细，弹性好，保暖性极强，被称为"羊绒之王"，也因其昂贵的身价被称为"软黄金"。

　　藏羚羊在每年夏季自然更换一次绒毛，但由于自然更换的绒毛是零星掉落，藏羚羊又是野生动物，因此换掉的绒毛随风飘散。目前还无人尝试收集自然更换的绒毛。

　　藏羚羊善于奔跑和跳跃，是世界上现存的跑得最快的动物之一，平均时速可达90千米，野外寿命最长13年左右。

　　藏羚羊，又叫羚羊、长角羊。雄羊有对特殊长角，直竖头顶，角尖微内弯。通体被毛丰厚绒密，毛形直。头、颈及上部淡棕褐色，夏深而冬浅。

藏羚羊生活在不毛之地

　　藏羚羊喜欢在有水源的草滩上活动，群居生活在高原荒漠、冰原冻土地带及湖泊沼泽周围。尽是些不毛之地，植被稀疏，只能生长针茅草、苔藓和地衣之类的低等植物，而这些却是藏羚羊赖以生存的美味佳肴。

藏羚羊不仅体形优美、性格刚强、动作敏捷，而且耐高寒、抗缺氧。

　　在那些十分险恶的地方，时时闪现着藏羚羊鲜活的生命色彩、腾越的矫健身姿，它们真是生命力极其顽强的生灵！它们性格怯懦机警，听觉和视觉发达，常出没在人迹罕至的地方，极难接近。

藏羚羊大迁徙

　　藏羚羊的活动很复杂，某些藏羚羊会长期居住一地，还有一些有迁徙习惯。藏羚羊生存的地区东西相跨1600千米，季节性迁

徒是它们重要的生态特征。藏羚羊在夏季的迁徙是全球最为恢弘的3种有蹄类动物大迁徙之一。

母羚羊的产羔地主要在乌兰乌拉湖、卓乃湖、可可西里湖和太阳湖等地，每年4月底，公母羚羊开始分群而居，未满一岁的公仔也会和母羚羊分开，至五六月，母羚羊与它的雌仔迁徙前往产羔地产子，然后母羚羊又率幼子原路返回，完成一次迁徙过程。

藏羚羊每年按照同样的路线往返数千米，就是为了到五道梁交配，再去卓乃湖产羔。

它们不惧路途遥远，每年都义无反顾地奔走在可可西里的荒原上，给寂寥的荒原带来了生命的热潮。

每年10月末至11月初，几场大雪过后，可可西里开始进入一年一度的枯水期。这时，随着气温降至零下三四十度，大风刮到八九级，楚玛尔河沿岸开始沙尘滚滚。

在这种极端天气和沙尘的掩映下，随着雄性藏羚羊黑色面具变白了一些，为赶往交配地而引发的藏羚羊冬季大迁徙就开始了。

藏羚羊迁徙之谜

藏羚羊为什么要进行长距离的迁徙？其迁徙路线和迁徙方式是怎样的？

藏羚羊的迁徙，并不像以前人们所认为的是沿着单一方向进行，而是以主要产羔地为中心，呈辐射状形式迁徙。它们以卓乃湖作为藏羚羊在可可西里自然保护区的集中产羔地。

并不是所有的藏羚羊都进行长距离的迁徙。雌藏羚羊在产完羔后，多迁回其栖息地。

　　对产羔地远的，便显示出一年一度大空间的迁徙，但对产羔地周边的藏羚羊群来说，其迁徙距离并不大。或者说，并不是所有的藏羚羊都进行一年一度大范围的迁徙。

延 伸 阅 读

　　1970年，藏羚羊的数量大约为105万只，由于人类的疯狂滥杀，1992年，下降到75000只。以往可以发现15000只以上的藏羚羊群，现在数量明显减少。但2012年藏羚羊的数量又回升到了22万只。

河马红汗之谜

河马日渐稀少

　　"河马"一词的意思是指"河中之马"，这是希腊人对这种强悍野兽的称呼。而古埃及人的猜测则更为正确，将它们称之为"河中之猪"。

　　历史上，河马在整个非洲几乎所有的河流与湖泊中都生活过。从装饰古埃及人纪念碑的象形文字中可以断定，当时生活在尼罗河流域的河马非常多，而且，猎杀河马是一项广受当地人喜爱的消遣活动。

　　今天，河马早从北非唯一的分布区埃及消失了。河马的长牙，可以制作艺术品，虽说明显比不上象牙和犀牛角值钱，但也

价值不菲。这也是导致河马迅速减少的原因之一。河马的分布地区不断减少，现在只有在北纬17度以南才能觅到它们的踪迹。

河马为什么出红汗

我国有个动物园，在引进河马时虚惊一场。人们发现在运输河马的过程中，河马身体表面流血了。专家们解释说，那不是血，而是河马排出来的红色汗液。

可是，河马为什么出红汗？红汗有什么作用？这曾经是难倒生物学家的问题。

河马排出的汗液含红色色素，经皮肤反射显现是红色的，这就引出河马出"血汗"的说法。有人认为，河马的红汗就像其他动物的汗一样有解热功能；也有人认为，红汗可以防水；还有人认为红汗可以杀菌。

日本科学家发现，河马出汗时分泌的红色黏液具有非常好的防晒效果。这种有双重功效的红色黏液，不仅可以帮助河马抵御细菌感染，还能抵挡太阳光线对河马皮肤的侵害。

河马喜欢居水的原因

河马主要分布在非洲赤道南北的湖沼中，喜好群居。它的潜水本领极高，能潜泡在水中数小时或数日。

河马的鼻孔、眼睛、耳朵都长在面部的上端，几乎成一平面，躯体和整个头部都不露出水面，只露出眼、耳及鼻就能呼吸和观察周围的环境，遇到危险就立即将身体沉入水中隐藏起来。

白天，河马通常待在水里或是河边的草地及芦苇丛中活动。晚上才到草地上觅食。

河马是杂食动物，它们生活在热带的非洲，气候相当炎热。它们由于适应这种炎热的生活环境才被自然保留下来。它们的适应方式就是泡在水里，从而减少热浪的袭击，逐渐养成了习性。

河马是马吗

有人认为河马是马的兄弟，其实河马与马虽都有一个马字，可连亲戚都攀不上，它们同牛还可算得上是异族兄弟。河马生活在南非洲和中非洲的河湖、沼泽边缘的草地，专门吃食草类动物和水生植物，有时也会吞吃泥土以补足矿物质。

河马非常贪吃，常常吃得大腹便便，平均每晚能吃60千克的食物。一天之中，河马差不多有十七八个小时泡在水里，连交配、分娩和哺乳都在水中，初生的幼仔也要在水中待上10多天后才上岸来活动。

由于长期在水中生活，河马被毛变得稀少，鼻孔、眼睛和耳朵全长在脸的上部，当它们泡在水里的时候，不用抬头，鼻孔、眼睛和耳朵都能露在水面。这样不但呼吸顺畅，也能看见东西，听到声音。

更妙的是河马的鼻孔、眼睛和耳朵里都有一个控制开闭的阀门，下水时严密地关闭起来，不让一滴水进入里面，并且能在水中停留很长的时间。

延 伸 阅 读

河马是杂食性动物，稀疏的獠牙长0.1米，母河马为保护小河马极具领域攻击性，每年非洲都会有数十人接近水边遭河马攻击而丧命。

鲸鱼为何常走绝路

鲸鱼大规模自杀现象

我们有时可以从电视里看到这样的场面：退潮后，海边浅滩上躺着鲸鱼的尸体，就像搁浅的船一样。没有谁在驱赶，也没有谁在捕捞，鲸鱼为什么自取灭亡地离开大海呢？

鲸鱼大规模冲上海滩自杀的现象就更令人惊奇了。

1976年，美国佛罗里达州的海滩上，突然有200多头鲸鱼游入浅水中，当潮水退下时它们被搁浅在海滩上。如果不及时救助，这些鲸鱼会因缺水而很快死掉。

美国海岸警卫队员们带领数百名自愿救鲸者进入冰冷的海中，意图阻止这些鲸鱼自杀。有的人用消防水管向鲸鱼喷水，想

以此延缓它们的生命，有的人则开来起重机，试图把鲸鱼拖回大海，不料鲸鱼太重，反而拖翻了起重机。

1985年12月22日，在我国福建省福鼎县海滩也发生了一场悲剧，遇难的全都是很珍贵的抹香鲸。

那天清晨，有一群鲸鱼游入福鼎县的泰屿海湾。当时，正值退潮，群鲸惊慌失措，左冲右突，势如排山倒海。先有一头冲上浅滩，挣扎哀鸣，其余的本已顺潮回到海里。这时，它们似乎听到了同伴呼叫，全部又奋不顾身地游回来。

当潮水再度上涨时，闻讯赶来的水产局干部、技术人员和当地渔民通力合作，用机帆船拖拽着抹香鲸下海，但被拖下海的鲸鱼竟又冲上滩来，场面十分悲壮。

最后，12头长12米至15米，重15至20吨的抹香鲸集体自杀，陈尸海滩。

鲸鱼自杀是迷失方向吗

对于鲸鱼为什么会搁浅自杀的原因众说纷纭，莫衷一是，但各种说法大多与它的回声定位系统有关。

鲸鱼同海豚相似，辨别方向并不是靠它们的眼睛。鲸鱼的眼睛与它们的身体是极不相称的，一头巨鲸的眼睛只有一个小西瓜那样大，而且视力极度退化，一般只能看到17米以内的物体。那鲸鱼又依靠什么来测物、觅食和导航呢？

原来，鲸鱼具有一种天赋的高灵敏度的回声测距本领。它们能发射出频率范围极广的超声波，这种超声波遇到障碍物即反射回来，形成回声。鲸鱼就是根据这种超声波的往返时间来准确地判断自己与障碍物的距离，定位的误差一般很小。

因此，对鲸鱼"自杀"现象有一种说法是，鲸鱼为了追食鱼群而游进海湾，当鲸鱼游近海边，向着有较大斜坡的海滩发射超声波时，回声往往误差很大，甚至完全接收不到回声，鲸鱼因此迷失方向，从而酿成丧身之祸。

有一群鲸鱼于1975年7月间在美国佛罗里达州的洛捷特基海滩集体搁浅。

动物学家在这些鲸鱼的内耳发现了许多圆形的昆虫。研究人员因此认为，鲸鱼耳内的寄生虫可能是使一些鲸鱼搁浅的祸首，它们破坏了鲸鱼的回声定位系统，使鲸鱼不能正确收听回声而误入歧途。

但是，有些种类的鲸鱼却非如此，如一角鲸，它经常有不同的寄生虫，但这并未明显造成破坏它航行的现象。

鲸鱼自杀是环境污染造成的吗

环境污染也曾被认为是造成鲸鱼搁浅的原因。因为那些使海水污染的化学物质，可能扰乱了鲸鱼的感觉。

另一些科学家通过对数头冲进海滩搁浅的自杀鲸鱼的解剖后发现，绝大多数死鲸的气腔两面红肿病变，因此认为，导致鲸鱼搁浅的原因可能是由于其定位系统发生病变，使它丧失了定向、定位的能力。

由于鲸鱼是恋群动物，如果有一头鲸鱼冲进海滩而搁浅，那么其余的就会奋不顾身地跟上去，以至接二连三地搁浅，形成集体自杀的惨剧。

鲸鱼自杀是噪音引起的吗

美国拉斯帕尔马大学兽医系胡德拉教授和伦敦大学生物系西蒙德斯教授却认为鲸鱼集体自杀是由于水下爆炸、军舰发动机和

声呐的噪音引起的。他们在分析了一系列鲸鱼集体自杀事件后，发现了其中的巧合。

1985年，12头鲸鱼在海上进行军事演习时冲上海滩。1986年，4头鲸鱼冲进兰萨罗特岛搁浅，另两头鲸鱼冲上附近一座岛屿的浅滩，其间这两个岛屿海域正在进行海军演习。此外成群鲸鱼搁浅于委内瑞拉沿岸时，也刚好附近正在进行水下爆炸。1989年10月，24头剑吻鲸冲上那利群岛沿岸的浅滩，当时该群岛附近正在进行军事演习。

同意这一观点的还有法国拉罗谢尔海洋哺乳类动物研究中心的副主任科列德博士。他认为，每头健康的鲸鱼都拥有能在海洋深处定向、定标的发达的定位系统，而军舰声呐和回声控测仪所发出的声波及水下爆炸的噪音，会使鲸鱼的回声定位系统发生紊乱，这是导致鲸鱼集体冲上海滩自杀的主要原因。

对鲸鱼的自杀之谜，有着如此种种的推测。科学家们对鲸鱼的基本生物原理及其环境做出更多的研究后，定会做出进一步的分析与判断。在目前来说，保护鲸鱼的人们所能做到的，只是尽量把搁浅的鲸鱼拖回大海，使它们继续自由自在地生活。

鲸鱼"自杀"事件

2005年3月10日，广东省吴川长8米重约4吨大鲸鱼搁浅死亡。

2008年3月11日凌晨，一头重达两吨多的鲸鱼被发现在海南省文昌市锦山镇潮滩港搁浅死亡。有关部门对鲸鱼进行了掩埋处理，并提取该鲸鱼骨架制作成标本供研究使用。

2008年8月30日晚上，一头重达1500千克的成年日本喙鲸在山东省青岛开发区金沙滩海域搁浅。

2012年3月16日，4头抹香鲸搁浅在江苏省南京盐城新滩盐场附近滩涂。大者体重达三四十吨，小的也有近20吨。2012年3月19日，经南京师范大学科研人员到场对其解剖采样后，于当日深夜至20日凌晨进行就地深埋。

2012年10月26日，印度官员证实称，大约40头巨鲸在孟加拉湾北安达曼岛西岸搁浅死亡，目前原因尚不明确。

延 伸 阅 读

1997年，马尔维纳斯群岛海岸约300头鲸鱼"集体自杀"。阿根廷学者分析后认为，当时太阳黑子的强烈活动引起了地磁场异常，发生了"地磁暴"，这破坏了正在洄游的鲸鱼的回声定位系统，令其犯下"方向性"的错误。

海豚妙法捕大餐

讲究 "排兵布阵"

美国研究人员发现，生活在佛罗里达海岸边的海豚非常讲究 "排兵布阵" 的捕食方法。它们能够在合作捕食过程中，体现出高度的团队精神。

研究人员重点追踪观察了两组海豚。研究人员通过对这两组海豚60多次捕食活动的观察，他们发现，在捕食开始时，海豚总是先摆出一个口袋形的包围圈，然后由一头海豚充当 "轰赶者"，将猎物向它们的包围圈中驱赶。当猎物进入包围圈后，最

后它们再一同捕获猎物。

研究人员发现，海豚的这种阵法，效率非常高。更有趣的是，担当"轰赶者"重任的海豚是固定不变的。

利用"声波武器"

科学家已经证实，海豚是利用超声波精确地辨别方位、测定水深，并能分出鱼、软体动物及甲壳类等各种食物的。不过美国研究人员最近又发现，海豚还会用不同声波的变化组合，作为捕杀猎物的武器。

研究人员在拍摄野生大西洋斑点海豚追捕鲱鱼的过程时发现，这些海豚先是悄悄跟踪，在靠近鲱鱼群时，突然发出低沉的"轰轰"声，结果被追赶的鲱鱼马上乱了阵脚，迷失了逃跑方向，最后纷纷成为海豚的腹中之物。

研究人员根据这种现象，还进行了一项实验，他们在一群鲱鱼中播放事先录制好的这种海豚发出的低频噪声，结果发现，这群鲱鱼马上就迷失方向，要么原地打转，要么呆傻不动，有的甚至很快昏迷了。可见海豚的这种声波武器还是很厉害的。

研究人员通过观察还发现，这种海豚还会用一种中频声音攻击鳗鱼。当它们在海底沙地捕食时，会发出一种中频声音，这种声音会使鳗鱼从沙中跳出，并像受惊吓一般在水中徘徊，这时，海豚便乘机捕杀了它们。

使用"工具"打猎

美国研究人员发现，在澳大利亚西部鲨鱼湾生活的宽吻海豚嘴部常有异物，最初研究人员以为是个别海豚长着"肿瘤"，后来才证实这些家伙经常喜欢用嘴咬着一块海绵体进行捕食：它们在海底用海绵体搅动沙层，当鱼儿四处惊窜时，它们就可以抓住猎物了。

它们为什么要这么做呢？

原来，它们利用海绵体作为嘴巴的"保护套"，因为这些聪明的家伙知道，如果用嘴直接搅动沙层，嘴巴将会受到磨损，而且在海底还潜伏着一种石鱼，如果不小心触到它们，嘴巴立即会

被石鱼的毒刺伤到——这是人类第一次发现海洋哺乳动物懂得使用捕食工具的有力证据。

因此，这些海豚通常需要花很长时间来寻找一块合适的海绵体，这比其他不用这种方式觅食的海豚要多花费很多时间。

有趣的是，这种自我保护技术大都掌握在雌性宽吻海豚手里。为什么会出现这种情况呢？研究人员通过多方面分析发现，这种自我保护技术其实并不遗传，而是代代相传的，都是女儿从它们的母亲身上学来的。

那为什么儿子不虚心学习呢？研究人员猜测，很可能是儿子们天生喜欢群体协作捕食，用不着像它们的姐妹那样，必须去海底费时、费力地"浑水摸鱼"，所以把学习这项技术的任务交给了它们的姐妹。

"加工"好了才吃

海豚没有双手也没有工具，却能凭借智慧去掉墨鱼骨，清除

墨汁，"烹制"美味墨鱼大餐。在一份最新发表的研究报告中，澳大利亚和英国的科学家称海豚为"海上厨师"。

研究人员在澳大利亚南部斯潘塞湾观察发现，野生太平洋瓶鼻海豚能通过一系列周密、复杂的工序捕食墨鱼。

首先海豚先是把墨鱼从栖息的海藻丛中驱赶到干净的沙地上。然后倒立起来，用吻部压住墨鱼，使其不能动弹。接着用力一摇尾巴，猛地用身体向下直戳墨鱼，墨鱼当即骨头断裂，一命呜呼。

墨鱼受到攻击时，即会向水中喷射有毒黑色墨汁，体内还有"又大又硬像冲浪板一样的墨鱼骨"。因此，海豚接下来会正过身来，像打棒球一样用吻击打墨鱼，让墨汁流光，再把猎物带到海底，在沙子上摩擦到墨鱼骨突出来。剥掉骨头后，海豚就为自己做好了一顿美味可口、柔软易食的墨鱼大餐。

和渔民合作捕鱼

在巴西南部，海豚与渔民形成一种令人吃惊的合作关系，海豚会将鱼群赶向渔民，而后摇晃脑袋和拍打尾巴，在海面上溅起水花，通知渔民抛出渔网。在混乱中，海豚捉到鱼群中的"残兵败将"，也捡到些奋起逃脱的"漏网之鱼"。

研究显示，当地仅仅只有一群约20只海豚组成的群体会与渔民合作捕鱼，而其他的海豚则选择不合作，至于为什么导致这种分化，研究者还没有找到原因，他们指出，合作捕鱼对双方来说都是有益的，离开任何一方，对方都无法生存。

海豚是如何掌握这项神奇技能的呢？研究者指出，它们通过学习将这种合作技巧一代代传承下去，这与人类的某些行为是相似的，就像年长者会教年轻的渔夫怎样与海豚合作捕鱼一样。

延 伸 阅 读

类似海豚通过"排兵布阵"进行捕食的现象，过去只发现在非洲母狮的捕食过程中：一只母狮守在整个捕猎现场中心，而其他母狮在侧面将猎物从四周赶向中间。不过，守在中心的母狮却不是固定的。

比骆驼耐渴的大羚羊

谁是最耐渴的动物

世界上什么大型哺乳动物最耐渴？人们首先会想到的就是骆驼。的确，骆驼极其耐渴。在炎热干燥的沙漠中，人如果24小时不喝水将会因为脱水而死亡，但是骆驼却可以长达一周不喝一滴水也能生存下来。

但是，与生活在非洲撒哈拉地区半沙漠地带的弯角大羚羊相比，骆驼的这点本事就不值一提了。

弯角大羚羊可以长达10个月不喝一滴水。它们生活在遥远的非洲撒哈拉的南部、西南非、东非及阿拉伯半岛。通常生活于干旱草原或沙漠地带，有的生活于石山旁或灌丛中。说起耐渴，弯角大羚羊是比骆驼更耐渴的动物，能够10个月不喝一滴水并存活，吉尼斯纪录是非其莫属了。

大羚羊如何保持身体水分

弯角大羚羊为了保持身体水分，既不出汗也不喘气，而是用一种奇特的方式来应付炎热的气温：把体热储存起来。这就意味着它的体温会不断地上升。弯角大羚羊能够忍受高达46度的体温，超过这个温度，它们才不得不出汗把体温降下来。骆驼也有类似的防止出汗的机制，但是它只能忍受41度的体温。

维持如此高的体温除了避免出汗，还有一个好处：因为体温与气温接近，空气可以传给身体的热量就少了。

大羚羊如何保护头脑不发热

弯角大羚羊如此高的体温, 为什么却不会妨碍其正常生理功能呢? 许多细节还不清楚, 不过科学家大体知道它是如何防止头脑发热的。来自弯角大羚羊心脏的血液由颈动脉送往大脑时, 经过头部一个叫海绵窦的地方, 在那里颈动脉变成了数百条细细的小动脉。

在海绵窦还有许多流向心脏的小静脉, 它们来自鼻腔, 其中的静脉血在流经鼻腔时, 被空气冷却了, 它的温度要比动脉血低。这样, 小动脉血的热量就会传递给静脉血, 从而使血液在进入大脑时得到了冷却, 温度能降低3度, 防止对温度最敏感的大脑受到伤害。白天储存在体内的热量, 到了气温较低的晚上, 就会逐渐释放出去。这时候, 弯角大羚羊又能让体温一直降至36度以下, 这样在第二天白天时能储存更多的体热。

大羚羊如何获取水分

弯角大羚羊的肾脏能够非常有效地减少尿中的水分，它的尿是高度浓缩。不过，它的尿中毕竟还有些水分，它的粪便也要含有一点水分才能排得出去，这样，弯角大羚羊还是会损失一些水分，为了防止脱水，仍然需要补充水分。

在无水可饮用时，弯角大羚羊通过食物来补充水分。它们常吃的草水分并不多，在白天只含有1％的水，不过，到了晚上，随着气温的下降和湿度的上升，这些草的水分含量会增加20倍。大羚羊白天不进食，只在黄昏和夜间进食，能保证最大限度地吸取食物中的水分。弯角大羚羊还有一种独特的获得水分的方式。食物中的营养成分，例如碳水化合物，在新陈代谢时能够产生水。因此，实际上所有的动物都能通过这种方式间接地获得水分。不过，这个代谢过程需要氧气参与，而每次呼吸都会带走体内的水分。通常情况下，呼吸时损失的水分多于代谢过程中产生的水分，是得不偿失的。

弯角大羚羊却有办法改变这个产出比。在晚上，弯角大羚羊一边让白天储存的体热散发，一边开始非常缓慢地做深呼吸。

深呼吸能吸入更多的氧气，通过新陈代谢制造更多的水分，而夜晚空气湿度比较高，通过呼吸散失的水分就比较少，这样一来，弯角大羚羊就能通过一晚上的深呼吸让体内累积更多的水分。就这样，弯角大羚羊通过白天储存体热，晚上散发和浓缩尿液避免水分丧失，夜间进食摄取食物中的水分，深呼吸制造代谢水等方式，巧妙地适应了炎热又缺水的半沙漠环境。

弯角大羚羊的现状

弯角大羚羊适应性是如此的成功，一度是撒哈拉地区数量最多的大型哺乳动物之一，曾经多达数十万只。但是，再成功的物

种也难逃人类的毒手。几十年来，为了获取羚角、皮毛和肉，或仅仅为了好玩，人们对弯角大羚羊进行了大屠杀。至20世纪90年代，弯角大羚羊已在野外被消灭得干干净净。现在只剩数千只被人工圈养生存了下来，其中大多数养在美国德州的牧场。弯角大羚羊历经数百万年进化而来的那套巧妙的适应方式，如今却没有了用武之地。一个物种如果失去了其野外栖息地，丧失了其主要习性，即使能继续繁衍，也只是徒具其形，近乎灭绝。

延 伸 阅 读

　　最大的羚羊是生活在中非和南非的大角斑羚，是所有羚羊中的最大种类。因为它的个子巨大，上角有点旋转，所以又称"大羚羊"或"非洲旋角大羚羊"。这种大羚羊真的比水牛还要高大和粗壮。

秃鹫 "秃头" 的奥秘

"清道夫" 秃鹫

秃鹫的别名叫"狗头雕"或"座山雕"，没有亚种分化，分布于地中海盆地至东亚的广大地区，冬季也到印度、泰国和缅甸等地。我国大部分地区见到的都是罕见的留鸟，部分迁徙或是在繁殖期后四处游荡。

秃鹫生活在我国西北部的高山上，是目前国内最大的一种鹫类。它们常常会站立于山头之上，目光炯炯，威风凛凛。秃鹫的

体长超过1米，体重在7000克左右，通体乌黑色。

　　秃鹫在青藏高原上还有一个名字叫"清道夫"，也就是说，凡是自然界中由于各种原因死亡的动物的尸体，大部分都是由秃鹫和别的"清洁队"的队员来清理的。秃鹫通常完成清理的第一道工作，它们先用那尖尖的嘴和锐利的爪子将尸体开膛破肚，然后啄食脏器、尸肉。

秃鹫"秃头"的奥秘

　　秃鹫是一种比较奇特的动物，主要奇特在它们的头颈部有一块是裸露的，与周围密布的绒羽很不协调。那么，秃鹫为什么会长成这样呢？

　　我们知道秃鹫常吃动物的尸体，在这个过程中，秃鹫经常要把头颈伸到尸体里面去，那么头颈处长满羽毛就很不方便，所以，在长期进化的过程中，秃鹫的头颈部位就渐渐变得裸露。

此外，秃鹫裸露的头颈还有一个好处，那就是便于消毒。秃鹫会毫不留情地把裸露的颈部暴晒于草原炙热的阳光下，如此一来，病菌也就在秃鹫身上待不下去了。所以，尽管秃鹫长得很难看，但它们的秃颈却是对其"清道夫"生活的一种保护。

秃鹫身体颜色变化的奥秘

秃鹫在争食时，身体的颜色会发生一些有趣的变化。平时它们的面部是暗褐色的，脖子是蓝色的。当它们正在啄食动物尸体的时候，面部和脖子就会出现鲜艳的红色。这是在警告其他秃鹫：赶快跑开，千万不要靠拢。

一只身强力壮的秃鹫气势汹汹地跑来争食，如果正在啄食的

秃鹫招架不住，无可奈何地败下阵来，离开原来的位置，这时，它的面部和脖子马上从红色变成白色。胜利者趾高气扬地夺得了食物，它的面部和脖子也变得红艳如火了；失败者开始平静下来了，它逐渐恢复了原来的体色。根据这些体色的变化，人们便可以知道秃鹫体力的强弱了。

延 伸 阅 读

　　秃鹫是以食腐肉为生的大型猛禽。除了南极洲及海岛之外，差不多分布在全球每个地方。秃鹫种群数量稀少，被列入《国家重点保护野生动物名录》，属国家二级保护动物。国际鸟类保护委员会将其列入了《世界濒危鸟类红皮书》。

濒临灭绝的珍稀物种

白鳍豚

白鳍豚又名"白暨豚",俗称"白鳍"、"白夹"、"江马"。白鳍豚属鲸类淡水豚类,为我国特有珍稀水生哺乳动物,有"水中熊猫"之称,或许是世界上最濒危的鲸目动物。

白鳍豚仅产于我国长江中下游流域,具长吻,身体呈纺锤

形，全身皮肤裸露无毛，喜欢群居，性情温顺谨慎，视听器官严重退化，声呐系统特别灵敏。

　　白鳍豚至20世纪时由于种种原因使其种群数量减少，2002年估计已不足50头，白鳍豚不仅被列为国家一级野生保护动物，也是世界12种最濒危动物之一。2007年8月8日，《皇家协会生物信笺》期刊内发表报告，正式公布白鳍豚功能性灭绝。

　　2011年7月6日，在长江中打渔的渔民发现3头白鳍豚，出现在长江江面上。

西非黑犀牛

　　西非黑犀牛又名"西部黑犀牛"，是黑犀牛中最珍稀的亚种。西非黑犀牛曾广泛分布在非洲中西部的大草原上，但是近年来数量急剧下降，已经被列入极度濒危物种名单。

西部黑犀牛数量急剧下降，2000年全球就只剩下了10头，全部生活在喀麦隆北部。2006年国际自然保护联盟在调查时没有发现一头，当时就认为它们很可能已经灭绝。

2011年11月10日，国际自然保护联盟经过对喀麦隆境内的全面调查，没有发现任何黑犀牛的踪迹，宣布此亚种灭绝。

金蟾蜍

金蟾蜍又称"环眼蟾蜍"，美洲蟾蜍的一种，其雄性个体全身呈金黄色，因此被称作"金蟾蜍"。曾大量存在于哥斯达黎加蒙特维多云雾森林中一片狭小的热带雨林地带。

金蟾蜍是1966年由爬虫学者杰伊·萨维奇发现并正式命名，1989年以后，金蟾蜍再没有被发现。至2006年，金蟾蜍在《世界自然保护联盟濒危物种红色名录》中的保护状况为灭绝，由于全世界范围内两栖动物数量不断下减，金蟾蜍灭绝的实例也被许多相关学者研究证实，一般认为，造成金蟾蜍灭绝的主要原因为全球变暖和环境污染。

夏威夷乌鸦

夏威夷乌鸦是乌鸦的一种，曾广泛生活在夏威夷岛的开阔林地中。化石显示夏威夷乌鸦还曾经分布于其他一些岛屿。主要食物是蜥蜴、种子及昆虫等，有时会捕食大型的蝴蝶。

最后两个夏威夷乌鸦种群灭绝于2002年。现在的保护状况为"野外灭绝"。当地还有一些被圈养的夏威夷乌鸦，但是由于其剩余数量过少，该物种被认为已无法重新恢复。当地人曾经建立

夏威夷乌鸦的再引回计划，但再引回的个体常被另一种濒危鸟类夏威夷隼捕杀，结果无法成功。

圣赫勒拿岛红杉

圣赫勒拿岛红杉是圣赫勒拿岛特有的树种，现在在野外已经灭绝。当移民登陆这座南大西洋岛屿后，因为圣赫勒拿岛红杉的木质优良，以及树皮可以用来鞣制皮革，所以被大量采伐。

至1718年，圣赫勒拿岛红杉已极为罕见。在19世纪后期，当亚麻种植园开始建立时，圣赫勒拿岛红杉的数量进一步减少。至20世纪中叶，只有一棵圣赫勒拿岛红杉幸存，而这一棵树是今天所有已知的栽培红杉的来源。

斯皮克斯金刚鹦鹉

斯皮克斯金刚鹦鹉被列为极度濒危物种，在巴西巴

伊亚州的部分地区能发现它们的踪迹。尽管这个物种的几个圈养
种群存在于世，但最后为人所知的野生个体在2000年底消失。其
他野生个体也不可能存活。

　　造成斯皮克斯金刚鹦鹉几乎绝种的原因，主要是雀鸟贸易的
捕捉活动，而人类居住地也侵占了其生境，也有人捕猎其为食用
及交易。而人类所引进的非洲化蜜蜂杀死正在孵卵的鹦鹉，估计
蜜蜂占据了40％的巢居地。

黄马姆

黄马姆也称"黄鳍连尾鲴"，是指分布在北美的一种美洲鲶鱼，身体矮胖，体长大约0.05米至0.075米。连尾鲴的特点是脊鳍很长，有些种类的连尾鲴脊鳍和毛鳍连在一起。胸鳍上常有锯齿状的刺，刺的根部有毒腺，被它刺伤以后会产生疼痛的创伤。如今，连尾鲴主要分布于北美洲，是世界上22个珍稀物种之一。

伍德苏铁

伍德苏铁被列为野外灭绝物种。迄今为止，只在南非发现了一棵伍德苏铁。虽然当地人过度砍伐伍德苏铁以作为药用，加速了野生种群最后的消失，但该物种的灭绝可能是一个自然事件。

1916年，最后一棵伍德苏铁被移植到植物园，目前该植物不再存在被引入到野生环境的可能，因为仅现存的这棵植物是雄性，并且它被人为性破坏的可能性很大。

豹猫

豹猫是产于亚洲的猫科动物，许多台湾的地方民众则习称为"石虎"。

豹猫的体型与家猫大致相仿。豹猫的毛皮也有很多种颜色：南方的豹猫为黄色，北方的则为银灰色。其胸部及腹部是白色，斑点一般为黑色。

豹猫是夜行动物，通常以啮齿类、鸟类、鱼类、爬行类及小型哺乳动物为食。除了交配季节外，它们一般为独处。

由于人类的滥开发，有野生豹猫处除了德克萨斯州美国已无野生豹猫。这种难以捉摸的猫科动物在南美洲和中美洲的荒野还有活动的迹象，但对于它们具体的数量几乎没有可靠的数据。

毛岛蜜雀

毛岛蜜雀是1973年由夏威夷大学的学生在茂宜岛海勒卡拉国家公园东北部海拔1980米的地方发现的。根据DNA的分析显示，它们属于一个古老的管舌鸟分支，其结构也与其他夏威夷的管舌鸟不同。

根据化石记录，毛岛蜜雀只生活在茂宜岛的干旱部分，介乎海拔275米至1350米。发现时估计它们只剩下200只，每平方千米约有76只。至1985年，每平方千米就只剩下8只，可见在10年中其数量大幅下降超过90％。

1980年，它们就已经在东边消失，只分布在哈那威的西部。至2004年，多次的勘察都未能再次发现它们，但仍然将其列为濒危物种，有待更确实的资料才决定是否列为灭绝。

加州秃鹰

加州秃鹰是北美鸟类中体型最为庞大的一种，重约10千克，翅膀长度约3米。它们可以飞到5000米的高空，每天可以飞200多千米找食物。这种来自座山雕家族的秃鹰靠食用动物的尸体及腐肉生存，被称为自然界的"清道夫"，是生态系统中非常重要的一个物种。

它们是冰河时代幸存下来的产物，但却无法逃脱人类的毒手。这些大自然的"拾荒者"不是遭到猎人枪杀，就是因为品尝猎人投下的毒物而一命呜呼。1985年普查到的野生秃鹰仅存9只。目前，由于人工繁殖和铅质弹药的减少使用，该物种有起死回生的迹象，加州秃鹰的总数量已经达到200多只。

夏威夷鹅

夏威夷鹅又名"黄颈黑雁"或"黄额黄雁"，是夏威夷特有的一种雁，属雁形目，鸭科。它们与加拿大鹅有血缘关系。加拿大鹅迁徙到夏威夷以后，进化而成的不会迁徙的陆栖鹅。

在1952年，夏威夷鹅的数量只剩下屈指可数的30只。人们不得不把它们捉回来饲养。然而，饲养后放回野生地的雁却难于自我繁殖。

狼獾

狼獾也称"貂熊"，外形介于熊与貂之间，头大耳小，背部弯曲，四肢短健，弯而长的爪不能伸缩，尾毛蓬松。身体两侧有一浅棕色横带，从肩部开始至尾基会合，状似"月牙"，故又有"月熊"之称。属于国家一级保护动物。

过去，貂熊还曾出现在美国南部地区，例如美国的加利福尼亚州等地。

现在仅剩我国大兴安岭地区还有少量残存的种群，随着林区

的大规模开发，严重地侵吞和破坏了貂熊的生活环境，使它们退缩到更靠近西部和北部的森林腹地，处于极度濒危状态。我国貂熊估计仅为200只左右。

奇里卡瓦豹蛙

这种动物生活在沼泽地、低草地及池塘，常远离水域。豹蛙的蝌蚪吃水藻和其他水生植物，有时也吃死蝌蚪或其他更小的无脊椎动物。

奇里卡瓦豹蛙吃它们能够捕捉到的东西，包括昆虫、无脊椎动物或小的脊椎动物，如老鼠和鱼。豹蛙的适应性非常强，食物来源也比较充足。

奇里卡瓦豹蛙尚存5000只。经研究发现，奇里卡瓦豹蛙的灭绝与人类的活动有着非常密切的关系，一般来说，化肥的普遍使用，空气的污染，栖息地的减少，还有酸雨等，都是奇里卡瓦豹蛙灭绝的原因。

红冠啄木鸟

红冠啄木鸟生活在松树林中，是一种很勤奋的小鸟，工作时在树干上不时地上下移动，沿树枝频繁不断地变换树木，呈现出偏好较大树木的特点。它们使用凿子一样的鸟喙撬开树皮块，搜索里面的昆虫。

红冠啄木鸟最初分布于整个美国的东南部，1999年普查发现，仅限于存在美国北南卡罗来纳州和佛罗里达州。估计数量仅12000多只。

北极熊

北极熊是世界上最大的陆地食肉动物，又名"白熊"。

在冬季睡眠时刻到来之前，由于脂肪大量积累，它们的体重可达1000千克。北极熊的视

力和听力与人类相当，但它们的嗅觉极为灵敏，是犬类的7倍，时速可达60千米。

目前生活在世界上的野生北极熊大约有20000多只，数量相对稳定。为了保护它们的生存，早在1972年，美国就颁布过法律，除了生存需要，禁止捕猎北极熊。2006年5月，世界自然保护联盟将其列为"濒危"动物，2011年降为"易危"动物。

佛州地鼠陆龟

佛州地鼠陆龟栖息环境包括大西洋沿岸沙地及杉木森林，大致上栖地都是含沙土质，非常干燥。它们对于环境要求极高，所以佛州地鼠陆龟由人工饲养成功是非常少的。

该物种生活在美国东南部。它们的卵和幼龟经常是外来红火蚁和犰狳的捕食对象，同时随着城市的日益扩张，其栖息地不仅被变成了松树种植园，而且由于防火不善而遭到破坏，目前这些爬行动物正处于灭绝的边缘。

海地沟齿鼩

海地沟齿鼩主要分布于古巴等加勒比海部分岛屿上。它们的下颌具有锋利的牙齿，这一点儿不足为怪。但是，真正令人吃惊的是它们在咬住猎物的时候会从锋利的牙齿中释放出致命的毒液，就像某些毒蛇一样。

这些毒液可以迅速让猎物瘫痪，不过它们通常不会立即把猎物置于死地，而是把猎物保存起来等到饥饿时再享受美餐。沟齿鼩是一种夜间活动的小型哺乳动物，它们通常是吃香蕉树落下的叶子，有时也会吃腐烂的动物尸体以及一些昆虫。沟齿鼩是生态系统中至关重要的一支物种。

沟齿鼩的外形有些像地鼠，皮毛呈棕褐色，口鼻部和猪非常相似。它们最大的特点是长着一个细长的粉红色的尖鼻子，最长

可达0.49米。沟齿鼩非常善于挖洞，白天藏在地洞里，因此很少被当地人看见，夜间则出来捕食各种昆虫及其幼虫。

多年以来，科学家都一直以为沟齿鼩已灭绝消失。2008年，英国科学家在多米尼加捕获一只沟齿鼩，并公布视频。它们是最濒临灭绝的物种之一。

延 伸 阅 读

海滨灰雀几乎在人类毫无察觉的情况下就走向灭绝。其主要分布在美国佛罗里达州的梅里特岛。由于它们的盐沼栖息地被喷洒了滴滴涕，加上被太空计划征用，它们的数量从约3000对降至零。最后一只灰雀死于1987年。

失而复现的珍稀动物

朱鹮

由于朱鹮性格温顺，我国民间把它们看做是吉祥的象征，称之为"吉祥之鸟"。

1964年，我国研究人员在甘肃省捕获一只朱鹮，此后一直没有发现朱鹮的踪迹。

1978年，日本一只野生朱鹮在一个小岛上死亡，日本研究人

员宣称这是世界上最后一只野生朱鹮。

1981年，我国研究人员在陕西省汉中市洋县发现7只野生朱鹮，从而宣告在中国重新发现朱鹮野生种群，这也是世界上仅存的一个朱鹮野生种群。

此后，我国对朱鹮的保护和科学研究取得显著成果。目前，我国境内的野生朱鹮已近2000余只。

斑鳖

斑鳖是目前世界上最珍稀的一种巨型鳖类动物，在我国和越南的江河湖泊中，曾经生活着大量斑鳖。

斑鳖是一种巨大的软壳淡水龟，成年后体长超过一米，体重可达数百千克，寿命可达100岁以上。然而，由于河流受到污染，斑鳖在1980年左右就从天然水域中消失了。

2008年，美国研究人员在越南一条河流中发现野生斑鳖，当时它被洪水冲到堤坝上。当地人捕获了这只野生斑鳖，准备把它送到餐馆卖掉，幸亏研究人员及时阻止了他们的行为，并将这只斑鳖放入到河流中。

目前，饲养在人工湖泊或水塘中的斑鳖也只有3只，一只在越南的还剑湖里，另外两只分别在我国长沙和苏州的动物园里。

大嘴苇莺

自1867年在印度苏特莱杰河流域发现它们以来，大嘴苇莺便再也没有出现在人们的视线中。2006年，泰国研究人员在距离泰国曼谷大约3000千米的一处湿地里发现了大嘴苇莺，并捕捉到一只制作成标本。经DNA检测结果证实这一发现，研究人员确认大嘴苇莺是一个新的物种。研究人员表示，大嘴苇

莺可能在我国西南地区和东南亚多个国家都有栖息地，只是每个地区数量较少，所以很少被人们发现，而且容易和其他湿地鸟混淆。虽然对这种鸟类知之甚少，但科学家认为泰国发现的大嘴苇莺并不寻常。与泰国相比，这种鸟类在印度更为人们所知。

贝氏海燕

在巴布亚新几内亚的一些岛屿上，曾经生活着大量贝氏海燕。20世纪初，探险者和游客大量进入到这些岛屿，并带来了这里原本没有的老鼠和猫，它们大量捕获贝氏海燕巢穴中的亚鸟蛋和幼鸟，致使贝氏海燕在20世纪20年代左右消失了。2009年，以色列鸟类学家哈多拉姆·什利哈在俾斯麦群岛上又发现了贝氏海燕，并拍摄了30多张照片。贝氏海燕身体呈深褐色，腹部灰白，鼻子呈管状。世界自然保护联盟将贝氏海燕列为极度濒危物种。这种海鸟的繁殖地具体方位仍旧是一个谜。

彩虹蟾蜍

1924年，研究人员在婆罗洲岛发现3只彩虹蟾蜍。它们是世界上色彩最绚丽的蟾蜍，也是一种世界上最罕见的蟾蜍。

此后，再也没有人发现过它们的踪迹。在过去的时间里，人们对彩虹蟾蜍的认识仅限于插图介绍。研究人员一度以为这种漂亮的蟾蜍已经灭绝。

2011年，研究人员在东南亚的婆罗洲岛重新发现了3只彩虹蟾蜍。它们分别是一只雄性、一只雌性和一只幼仔。最新发现的彩虹蟾蜍身体长0.051米。

装甲雾蛙

装甲雾蛙曾经在澳大利亚西北部雨林中的溪流里广泛生活。然而，随着全球气候变暖，对两栖动物有严重危害的壶菌在澳大

利亚雨林的溪流中繁殖速度加快，壶菌病开始在这片地区的蛙群中爆发，各种蛙类迅速减少，最为脆弱的装甲雾蛙从1991年开始一度消失，人们以为它们灭绝了。

2008年，有人发现了几只已经冻结的装甲雾蛙。虽然没有发现活的装甲雾蛙，但是研究人员认为野生的装甲雾蛙仍然存在。装甲雾蛙身体呈浅褐色，因它们身上布满如同铠甲的深褐色斑点而得名。

侏儒眼镜猴

侏儒眼镜猴是世界上最小和珍奇的灵长目动物之一，昼伏夜出，依靠昆虫维生，全身茸毛，头部能够转动180度，大眼大耳，跟灵长目不同的是有爪，无指甲。

1921年，当最后一只侏儒眼镜猴被制成标本收藏在博物馆后，人们就再也没有看到过这种动物。因此，科学家认为侏儒眼镜猴可能已经灭绝了。

2000年，印尼多名科学家在苏拉威西岛的高山上进行鼠类考察时，意外地捉到一只侏儒眼镜猴，可惜这只眼镜猴踩中陷阱，重伤丧命。

2008年，研究人员在印度尼西亚茂密山林中又捕捉到两只雄性和一只雌性侏儒眼镜猴，并给它们佩戴无线电子发射跟踪脚环，对它们的生活进行研究。

象牙喙啄木鸟

象牙喙啄木鸟是北美洲最大的啄木鸟，高约0.5米，翼展约0.84米，眼睛呈黄色，羽毛为有白色图案的亮黑色，翅膀收起来时，白斑看起来像人的脚跟。

1944年，研究人员在美国的一片树林里观察象牙喙啄木鸟。此后60年的时间里，象牙喙啄木鸟消失了，被列入灭绝物种名单。

2005年4月，一位观鸟者划着小船在美国阿肯色州一片沼泽地里发现了一只象牙喙啄木鸟。此后，30名鸟类学家进入这片沼泽地观察，发现了多只象牙喙啄木鸟，并拍摄下录像。

目前，这片地区成为象牙喙啄木鸟保护区。象牙喙啄木鸟因为长着一张象牙般的大嘴而得名，是全世界体形最大的啄木鸟之一。

阿拉干森林龟

1908年，缅甸和美国研究人员在缅甸一些森林里发现一种奇特的阿拉干森林龟。当地人称之为"犀牛粪龟"，因为这种龟主要以犀牛的粪便为食。

然而，1960年左右，缅甸境内的野生犀牛全部灭绝，以犀牛粪便为食的阿拉干森林龟也很快消失在人们的视野之中，随后出现在灭绝动物的名单上。

2009年，研究人员在缅甸一个大象保护区内偶然发现了两只野生的阿拉干森林龟。目前，这种乌龟已经改变了饮食习惯，主要以大象等食草性哺乳动物的粪便为食。

包括阿拉干森林龟在内的很多亚洲龟都是颇受人们喜欢的美食，但在人类餐桌丰盛的同时，它们也无可奈何地走向灭绝之路。

米勒灰叶猴

这种动物一度生活在印尼的苏门答腊岛和爪哇岛以及马来半岛。2005年，科学家曾进行一次野外考察，但并没有发现这种珍

稀灵长类动物的任何痕迹，经过随后几年的火灾、农业耕种和采矿，科学家一度认定米勒灰叶猴已经灭绝。2011年6月，科学家在印度尼西亚丛林意外发现了一度被认为已经灭绝的珍稀动物——米勒灰叶猴。

延 伸 阅 读

2012年1月，《当代生物学》杂志公布了新发现的DNA证据，证明一度被认为已灭绝超过150年的巨型陆龟亚种仍生存在加拉帕哥斯群岛的伊莎贝拉岛。研究人员并没有实际观察到这种陆龟，根据他们的研究，这种龟可能是由海盗船或者捕鲸船带到这里的。

世界上最神奇的树

妇女树

有一位名叫罗利斯·莱乔里的意大利植物学家到南美洲去考察，在印第安人居住的地方发现一棵奇异的树，形状非常奇怪，酷似人体的一根胫骨。株高约4米多，树干的直径为0.4米。

这种树的神奇之处就是结出的果实就像是裸体女子的雕刻艺术品。罗利斯把这棵树命名为"妇女树"，他认为"妇女树"大概是土著居民从密林中其他同类树上切树芽移植到居留地，经过精心培育而成活的。

为了证实这一设想，罗

利斯在森林中徒步跋涉500多千米，终于发现了两棵同类的"妇女树"，并证实这种树非常稀有，濒于绝种。这种奇树已引起了植物界强烈的反应，但它特异的生理机能，至今却仍然是不解之谜。这种树果实内部呈现红褐色，味道酸甜，一般当地人出于敬畏不会食用这种果实，而是将它风干，作为避邪用品出售给游客。

捕人树

有一种树像一棵巨大的菠萝蜜，高约3米，树干呈筒状，枝条如蛇，因而被当地人称为"蛇树"。这种树极为敏感，鸟儿落在它的枝条上，很快就会被它抓住"吃"掉。

美国植物学家里斯尔，一只手无意中碰到这种树的树枝，很快便被缠住，费了很大力气才挣脱出来，但手背的皮已被拉掉一大块。

在非洲的中部和南部地区，有一种树身粗矮，树上长满针状

枝芽的树。这些枝芽平时伏在地上，好像铺着绿色帷幔的卧榻。旅游者的脚步如果触及这些枝芽，它就立刻像巨蟒一样跃然而起，把人网在里面，并迅速刺入人体，直至把人体的血吸尽，才将尸体抛在一边。

巴拿马热带原始森林中生长着一种古怪的大树藤，印第安人叫它"捕人藤"。如果人们在森林中不小心触着它，藤条就会像蟒蛇一样把人紧紧缠住，直至把人勒死。

这时，有一种张开翅膀后有大蝙蝠那样大、美丽黑色的大蝴蝶——食肉蝶，便纷纷落到被缠的人身上，吸食血肉，人的全身很快就会被咬烂，血淋淋之状，惨不忍睹。

一树生八"子"

四川省平武县南垭乡茅湾林场有一棵一"母"生八"子"的

怪树。主干是春芽树，树径约0.7米，高约18米。在树干3米处长着一株漆树，再往上是野樱桃、铁灯塔、红构树、林夫树、金银花、野葡萄和悬钩子树，就像8个子女一般。

每到开花季节，红、黄、白、紫、蓝，五彩缤纷的花朵缀满树冠，呈现奇特的景象。据当地人讲，此树至少有120年树龄。有关部门曾多次考察此树的成因，但至今仍无结果。

夫妻树

我国云南省素有"植物王国"的美称，那里生长着各种奇花异木。在江城县有一种非常奇特的"夫妻树"，开始是两棵稍微分开的小树，一年后它们便紧紧靠一起而形成"人"字形，长成一棵完整的树，所